未讀 ADR | 探索家 |

垃圾分类小百科

（全国通用版）

根据住建部新版《生活垃圾分类标志》标准编写

《垃圾分类小百科》编写组 编写

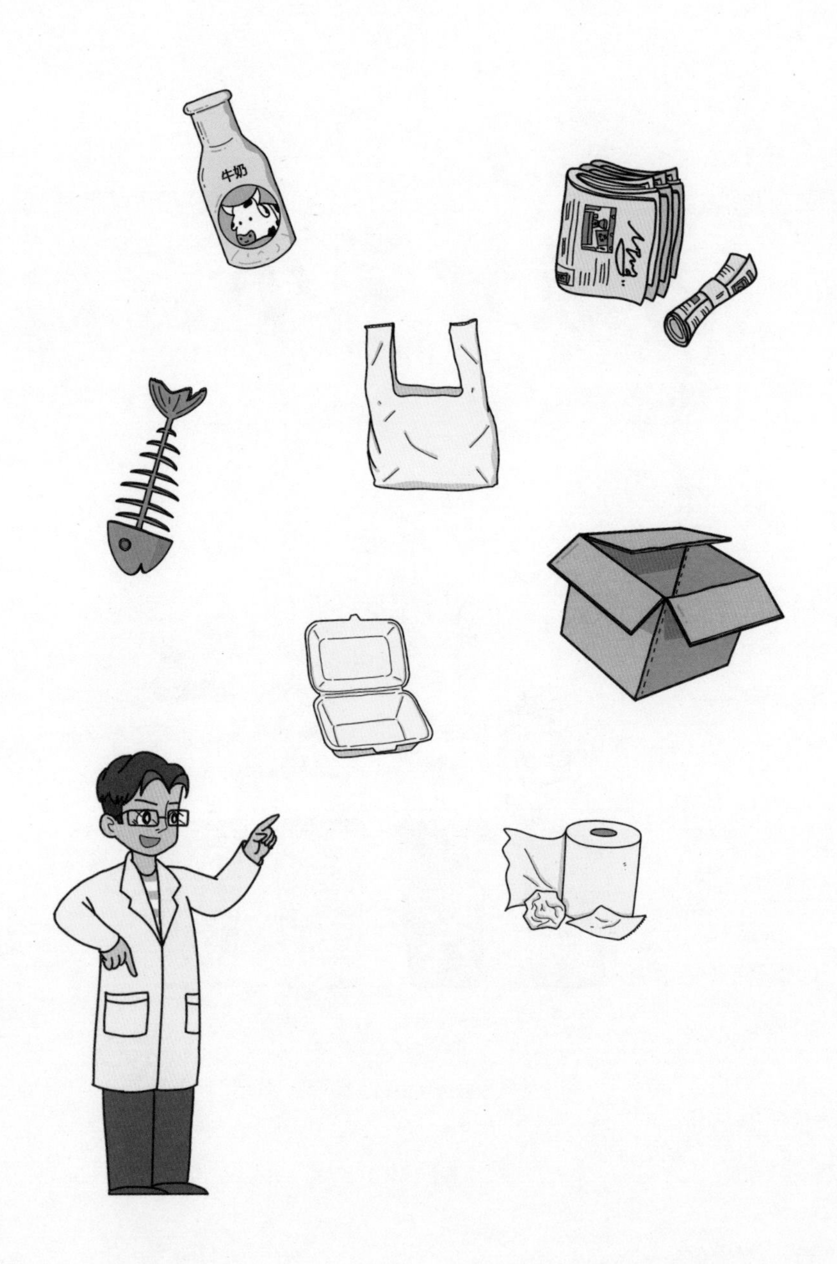
牛奶

目 contents 录

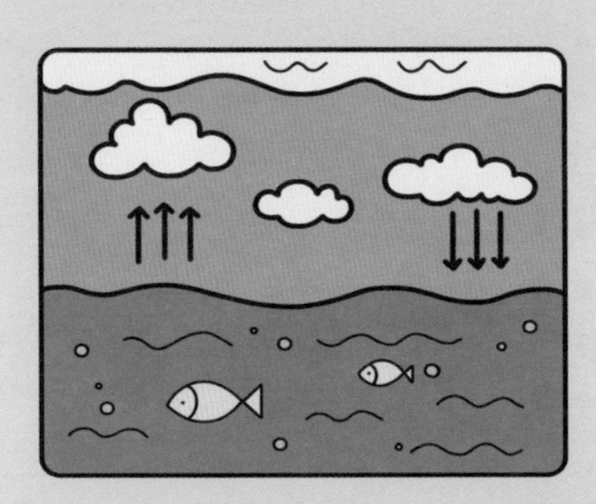

水体、空气

景点

第1章

垃圾是什么？

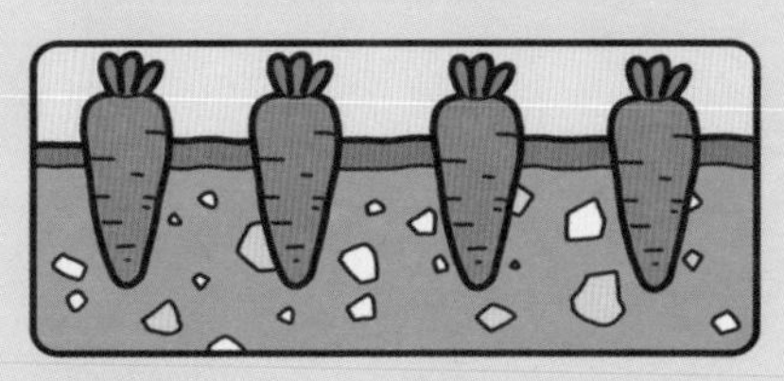

土壤

爆炸

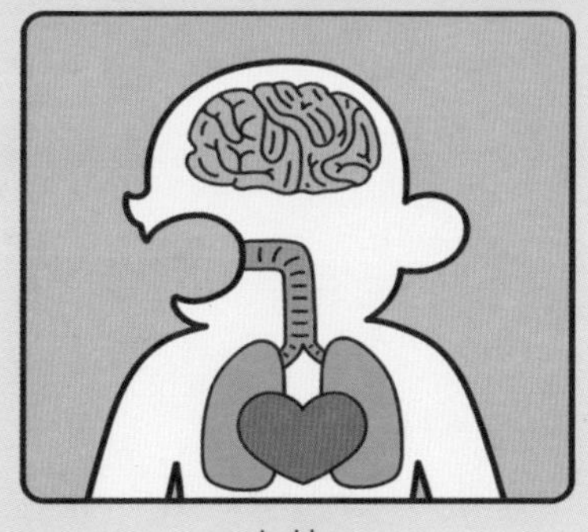

人体

1 垃圾的定义

垃圾，是人们无法利用或不再需要的废弃物品，一般是固态或液态的物质。不能吃的苹果核、吃完的泡面桶、不用的小纸团等，都是我们在生活中产生的垃圾。

我国人口众多，是一个名副其实的垃圾生产大国。据相关部门统计，每人每天平均生产0.7~0.8千克垃圾，每个月平均生产24千克垃圾，每年平均生产288千克垃圾。

2 垃圾的来源

垃圾是人类活动的产物。有人的地方，就会产生垃圾。垃圾的来源主要是以下两种。

» 生活垃圾

指人们在日常生活中或者为他人日常生活提供服务的活动中产生的固体废物，包括居民生活垃圾、集市贸易与商业垃圾、公共场所垃圾、街道清扫垃圾以及企事业单位垃圾等。

» **建筑垃圾和工业固体废物**

除了生活垃圾，人们还会制造建筑垃圾和工业固体废物。这类垃圾不仅会占用大量的土地，还会造成严重的环境污染。

3 垃圾的危害

» 污染空气

长期露天堆放的垃圾非常容易腐烂、变质、发霉，还会慢慢释放出大量的氨、硫化物等有害气体，并散发出令人作呕的恶臭。大风一吹，其中的粉末和细小的颗粒物便随之飘扬，从而严重污染空气，破坏我们的生活环境。酸雨，就是空气被污染的典型后果之一。

» 污染水体

垃圾在堆放和不卫生的填埋过程中，会产生多种有害物质，如病原微生物，在堆放和腐烂过程中又会产生酸性和碱性有机污染物，并将重金属溶解出来，形成三者合一的污染物。垃圾渗滤液作为生活垃圾中长期厌氧发酵产生的废液，毒性大、污染性强。

如果垃圾被直接扔进湖泊、河流或海洋，就会对水体环境产生更加严重的污染。水中的生物，如鱼、虾和蟹等，很有可能会误食垃圾，轻则损害机体健康，重则危及生命。人食用了这些被垃圾污染的水产品，也会间接地受到毒害。

» 污染土壤

像废电池、废灯管、废油漆等有毒有害垃圾，如果未经处理就堆放在地上，会慢慢产生有害物质，对周围的土壤造成污染。使土地的保水性和保肥力大大降低。而土壤一旦被污染，就很难恢复，具有不可逆性。

» 危害人体健康

垃圾堆是个藏污纳垢的地方，垃圾本身也是老鼠、蟑螂和蚊蝇等动物的食物，它们还会在垃圾堆里生活、繁殖。而这些携带细菌、病毒的有害动物四处流窜，会对居民的健康和安全造成威胁，有可能传染肠胃寄生虫、黄热病等疾病。

» 引发爆炸事故

垃圾会出现自爆、自燃现象，威胁居民的人身安全。垃圾在长期堆放的过程中，会慢慢发酵，并产生甲烷。甲烷是一种重要的燃料，与空气混合后能形成威力巨大的爆炸性混合物。所以，在投放高压瓶罐、粉状物、金箔纸、灰烬和锂电池等生活垃圾时，应格外注意。

» **白色污染影响美观，破坏风景**

随着生活节奏越来越快，生活水平越来越高，我们使用塑料制品的数量和频率也不断提高。在很多露天垃圾堆放区，由于缺乏有效的防护措施和监管，再加上塑料制品本身很轻，很容易被风从垃圾堆上吹走，或是在空中飘荡。

大多数塑料不能被生物降解，要经过400多年才能被完全降解，所以这类垃圾很难处理。塑料制品留存在土壤中，会影响农作物吸收养分和水分，导致土地减产。塑料制品与其他垃圾一起焚烧后，会产生有害气体，不仅污染空气，还会对人体健康造成影响。在很多旅游景点，游客聚集处经常会留下一地垃圾，大煞风景。

某旅游景点

4 垃圾分类的好处

为了控制、降低垃圾对环境的污染与破坏，我们需要对垃圾进行分类处理。垃圾分类处理有很多优点：

1. 将厨余垃圾单独分类，其中的有机物易腐烂，经过堆肥处理后可以生产出腐殖质土壤，施在农田里有利于提高土地肥力，减少化肥的用量。而厨余垃圾本身含水量较高，被分离后可以提高其他垃圾的焚烧热值，从而降低垃圾焚烧二次污染的控制难度。

2. 将有害垃圾单独分类，可以降低垃圾中重金属、有机污染物的含量，便于垃圾进行无害化处理，减少垃圾对水、土壤、大气的污染。

3. 将可回收物单独分类，能让更多可循环利用的垃圾重新发挥价值，从而大大节约原材料和能源的使用。

4. 垃圾分类会使最终进入卫生填埋场的垃圾量大大减少，从而延长填埋场的使用寿命，缩小占地面积，降低处理成本。

5. 公民会在垃圾分类的实践中提高环保意识，积累垃圾分类的相关知识，对环卫行业有更多的认识，从而对环卫工人多一些尊重与理解。

总而言之，垃圾分类有助于实现垃圾减量化、无害化，具有社会、经济、生态三方面的效益，推动社会的可持续发展。

嗯，对咯！
爸爸，妈妈，苹果核是厨余垃圾，对吗？
嗯，我家宝贝真棒！
各类资源再生工厂
集散地
中转站
专业车辆运输

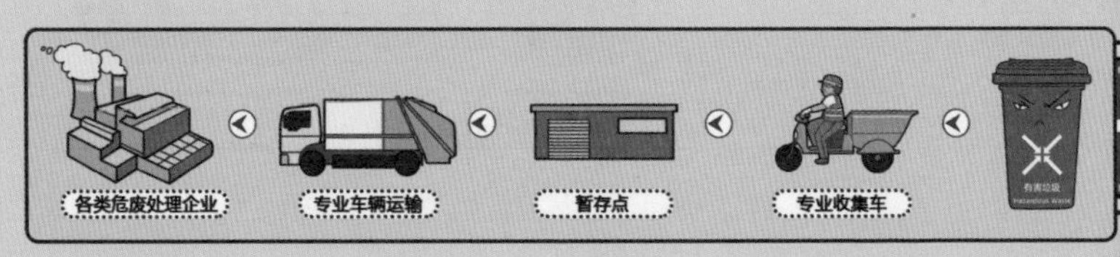
各类危废处理企业
专业车辆运输
暂存点
专业收集车

再生能源利用中心
（焚烧、发电）
专业车辆运输
垃圾箱房
垃圾箱房
小区物业短驳

第2章

垃圾去哪儿了？

1 垃圾的分类

我们的家，往往是生活垃圾产生的地方。垃圾分类，是处理生活垃圾的第一步，是由居民来完成的。

垃圾分类，是指在垃圾产生的源头，将不同类型的垃圾按照一定的标准或规定进行分开收集、分别投放，为后续的垃圾处理工作提供便利，有助于实现垃圾减量化与资源化。目前，我国的生活垃圾一般分为厨余垃圾、可回收物、有害垃圾和其他垃圾。

垃圾的性质在垃圾分类与处理的过程中，也发生着变化。在私人住宅范围内，垃圾属于居民私有物品。所以，当这些生活垃圾还在家里时，我们有责任、有义务将它们按照一定的类别进行收集及投放。

以前，生活垃圾由垃圾分拣厂统一进行处理，造成了很大的资源浪费，也耗费了很多时间和人力。如今，生活垃圾分类成为新的时尚潮流，我们在生产垃圾的同时将垃圾科学处理，养成垃圾分类的意识和习惯，在日常生活中时时践行环保理念。

垃圾分类并不难，也不会耗费太多的时间和精力。我们可以在家中放置四个垃圾桶，分别为蓝色的可回收垃圾桶、绿色的厨余垃圾桶、红色的有害垃圾桶和灰色的其他垃圾桶。在日常生活中，我们只需将不同种类的垃圾随手扔进对应的垃圾桶里。在倾倒垃圾时，把不同种类的垃圾分别放进对应的垃圾车或垃圾收集区即可。但在垃圾分类的实践中，还需注意以下几点。

» 扔垃圾时要密封好垃圾袋

在进行垃圾分类后，请把垃圾袋密封好再投放。这样做是为了防止垃圾被弃后散落出来，可能与其他种类的垃圾混合在一起。那么，我们之前所做的分类工作便“前功尽弃”了。而且，一些厨余垃圾是液体的，如果垃圾袋没有密封好，废液便很容易流出来，破坏垃圾车或垃圾收集区的整洁，甚至散发臭味、滋生蚊虫。即使垃圾袋已经密封好，在投放时也要小心轻放，避免垃圾袋在这个过程中破裂。

» 处理纸制品时，尽量整齐地叠放

可回收的纸制品垃圾，在投进可回收垃圾桶之前，还需要我们先做一些必要的处理，以便于它们更好地被回收利用。比如，将皱皱的纸团展开、抻平后再叠放，这样不仅能节省垃圾桶的空间，还能最大限度地保护纸张的完整性。除此之外，将浸湿的纸张晾干后再扔进垃圾桶，也是一个好习惯，这样可以防止其他纸制品被沾湿、弄脏甚至毁坏。

» 处理瓶子、罐子等垃圾时，尽量投放空瓶

饮料瓶、调味料瓶、易拉罐等，多用来盛放液体，都是家中经常出现的垃圾。在处理这类垃圾时，应该先将里面的液体喝完或倒光，确保空瓶后再投放。这样，各种各样的液体不会混合在一起，也不会从垃圾袋中流出或溢出，沾染其他垃圾或弄脏垃圾桶，还减轻了垃圾袋的重量，方便我们投放。在后续的垃圾处理过程中，也不必再耗费人力和时间对这些瓶瓶罐罐进行复杂的清理。

» **处理易碎的垃圾时，应小心轻放**

家庭中产生的易碎垃圾包括玻璃制品、瓷器、碗碟等，处理这些垃圾时，应格外小心，轻拿轻放，必要时还可以采取一些防护措施，如包扎、装箱等。因为它们一旦被打碎，就会变成一堆碎片，其断裂面非常锋利，不仅容易划破垃圾袋或垃圾桶壁，还很可能划伤或扎进我们和环卫工人的皮肤，造成意外伤害。因此，投放这类垃圾时，不要用力扔掷或猛砸。

» 投放完垃圾后，应盖好垃圾桶盖

大部分人在家中都会使用带盖子的垃圾桶，扔完垃圾后便盖好。请不要忘了，我们所在小区或社区的垃圾车或垃圾集中区，也是日常生活环境的一部分，因此我们应该保护它的整洁与卫生。每次分类投放完垃圾后，请记得随手盖好垃圾桶盖，以免有垃圾从桶中散落出来。密闭的垃圾桶还能有效防止蚊虫滋生、臭味弥漫，保持环境的美观。

2 垃圾的收集

由于我们居住地的面积和容量有限，垃圾不能被长时间堆放在某一个地方。而垃圾本身又容易腐烂、变质，散发臭味并滋生蚊虫，所以在小区或社区里，必须每天清理垃圾。因为生活垃圾分散在各家各户，但无法对垃圾进行分散式就地处理，所以，必须把垃圾集中到某一个固定的地方。在这种情况下，垃圾的收集工作就变得非常重要了。

垃圾收集，是指通过多种收集方式，把居民家中产生的生活垃圾集中装入垃圾收集车的过程。这是垃圾处理的第二个重要环节，垃圾从我们的家中，被集中转移到运送垃圾的垃圾车里。这项工作一般由环卫工人来完成，也需要居民积极配合。

每个小区或社区管理垃圾的模式不同，因此垃圾收集的流程和方式也不尽相同。目前，对生活垃圾的收集大致有两种方式：

» 定时上门收集

环卫工人每天在固定的时间上门收集居民的生活垃圾，将垃圾放到环卫收集小车上，再送往垃圾中转站。

» 自行投放

这是目前普遍采用的垃圾收集方式。居民先用垃圾袋把家里的垃圾分类装好，再投放到小区或社区内的指定地点。环卫工人会集中收集这些垃圾，并送往垃圾中转站。垃圾袋一般由居民自备。

收集垃圾的工作很脏很累，不管风吹雨打，环卫工人每天都会把我们的生活垃圾运送到垃圾车里，再换上干净整洁的垃圾桶。所以，下次如果你在小区遇到了环卫工人，请对他们多一些笑容和关心，我们能拥有干净、舒适的生活环境，全靠他们的辛勤工作。

3 垃圾的运输

环卫工人将城市街道和各家各户的生活垃圾集中到一起后，垃圾车就要登场了。我们的城市容量有限，因此，垃圾车每天都要把垃圾从各个社区、各条街道上的垃圾收集点运输到垃圾处理地。

垃圾的运输是指垃圾收集车把收集到的垃圾运至终点、卸料和返回的全过程。这是整个垃圾收运管理过程中最复杂、耗资最多的环节，也发挥着重要的作用。

垃圾收集车是专门用于运输垃圾的车辆，不同的垃圾车发挥着不同的作用和功能，适用于不同的垃圾处理地点。垃圾收集车主要分为自卸式垃圾车、摇臂式垃圾车、挂桶式垃圾车、拉臂式垃圾车和压缩式垃圾车等。

» 自卸式垃圾车

适用地点：生活小区、商业区。

特征：车体两侧带垃圾投入口，车上有音乐喇叭，居民听到垃圾车音乐后，便可以拎出各自家中密封好的垃圾袋，投进垃圾车。

优点：可避免由垃圾堆放造成的环境污染，实现“垃圾不落地”。

» 摇臂式垃圾车

适用地点：城镇。

特征：垃圾斗有方形和船式两种，随车配备一个或多个垃圾斗，通过两根摆臂将垃圾斗摆上或摆下。

优点：结构简单、操作灵活、性能可靠、转运效率高。

» **挂桶式垃圾车**

适用地点：街道。

特征：一般与街道边的铁质或塑料垃圾桶配套使用。驾驶员不用下车，通过在车内操作系统，便可完成垃圾桶的抓取、倾倒、放回等一系列动作。

优点：效率高、自动化程度高。

» **拉臂式垃圾车**

适用地点:城市的垃圾中转站、小区、学校。

特征：随车配备一个或多个垃圾斗，通过液压缸带动拉臂，将垃圾斗拉上或拉下。垃圾斗与垃圾车可分离。

优点：方便、快捷。

» **压缩式垃圾车**

适用地点：城市。

特征：分为侧装式和后装式两种。整车为全密封型，可自动压缩、自动倾倒，并能使压缩过程中的污水全部进入污水箱。

优点：收集方式简便、压缩比高、装载量大、作业自动化、整车利用效率高、密封性好。

垃圾车是一种非常重要的专用车辆，有了它们，我们的城市才能保持干净、整洁。司机驾驶着垃圾车，在街道和居民区中奔波，所到之处，垃圾被运走了，只留下一片洁净。

4 垃圾的处理

垃圾收集车将城市里的垃圾集中运输到垃圾处理厂之后，就要对垃圾进行最终的处理了。垃圾处理，就是将垃圾迅速清除，并进行无害化处理，最后加以合理的利用。有害垃圾会被送往危险废物处理机构进行特殊处理，可回收垃圾则会进入回收系统，由再生资源机构进行处理或加工。厨余垃圾含有较多有机物，更适合生物处理。其他垃圾的处理方法多是焚烧或填埋。

目前，城市生活垃圾处理的主要方式是填埋，约占全部处理量的70%以上，其次是高温堆肥，约占20%，焚烧处理所占的比例较小。

» 填埋

垃圾填埋是我国大多数城市处理生活垃圾时采用的主要方法，就是将垃圾埋进坑洼地带。在对垃圾进行卫生填埋时，通常会用一个黏土衬层或合成塑料衬层把垃圾与地下水和周围的土壤隔离开来。

垃圾填埋场地的选择是卫生填埋的关键，不仅要防止污染，还要经济合理。因此，卫生填埋场要考虑地形、土壤、水文、气候、噪声、交通、方位、可开发性等因素。

垃圾填埋作为我国主要的垃圾处理方式，具有技术成熟、处理费用低、工艺简单、处理量大、处理垃圾类型多等优点。但是，被填埋的垃圾若没有经过无害化处理，会留有大量的细菌和病毒，还潜藏着沼气、重金属污染等隐患。而垃圾发酵产生的甲烷气体，不但可能引发火灾、爆炸事故，还会排放到大气中产生温室效应。垃圾产生的渗漏液，会长期污染我们的地下水环境。

» **堆肥**

堆肥是处理生活垃圾的常用方法，垃圾或土壤中的细菌、酵母菌、真菌等微生物，在这一垃圾处理过程中发挥了重要的作用。经人工控制后，这些微生物会与生活垃圾中的有机质发生生物化学反应，将其分解、腐烂。垃圾最终转化为腐殖质，人们再把这些腐殖质当作农田的肥料使用。适合进行堆肥处理的垃圾，通常是厨余垃圾，包括果皮、剩饭、菜叶和花草等，塑料或玻璃一类的垃圾则不能这样处理。

好氧堆肥运用的原理，是通过翻堆、通风等方式让垃圾与空气尽量多接触，用好氧菌来分解其中的有机质并使其稳定，产生的是水、二氧化碳和腐殖质等。

将生活垃圾堆肥处理，一般分为四个阶段：第一，预处理阶段。分拣出大块的垃圾以及无机物，再把垃圾混合打碎，筛分为匀质状。第二，细菌分解阶段。经过人工调节与控制，在温度、含水量和氧气含量都合适的条件下，好氧菌或厌氧菌开始迅速繁殖，并将垃圾分解，

把其中的各种有机质转化为无害的肥料。第三，腐熟阶段。稳定肥质，等垃圾完全被腐熟就可以了。第四，储存阶段。将肥料贮存或使用，其他废料可以填埋。

堆肥能将无用的垃圾变成有用的腐殖质，为农田增加肥力，具有卫生条件好、无害化程度高、处理周期短、便于机械化操作等优点，国内外都广泛采用这一处理方法。

» 焚烧

焚烧，是一种比较古老的垃圾处理方式，也是目前世界上主流的垃圾处理方式。通过对焚烧炉中的垃圾进行分解、燃烧、熔融等处理，垃圾会变成残渣或者熔融固体物。可焚烧的垃圾包括固体废弃燃料、医疗垃圾、生活废品、动物尸体等。

焚烧发电厂的主要设备有焚烧炉、余热锅炉、烟气净化系统等。垃圾焚烧的过程如下图所示。

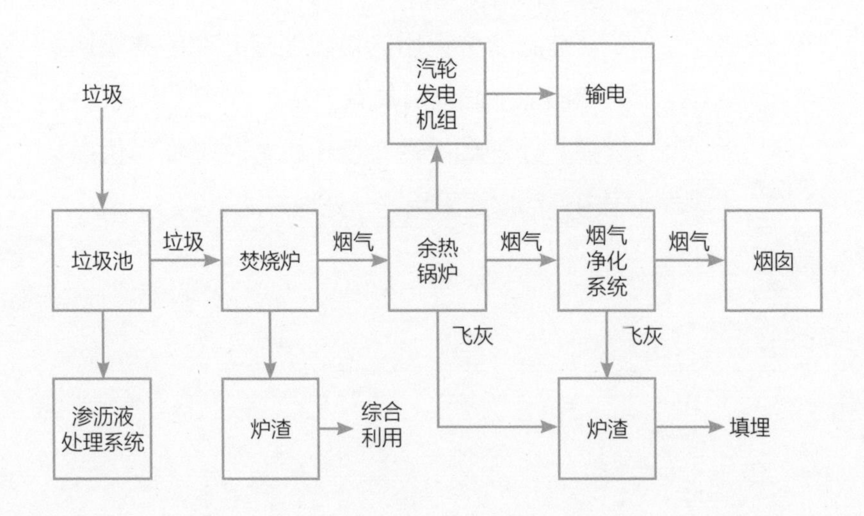

经过焚烧处理后，垃圾存量大大减少，不仅节省了占地空间，还消灭了垃圾中的各种病菌和有害物质，无害化程度很高。除此之外，垃圾焚烧过程中产生的热量可以用来发电，有助于缓解资源供应紧张的问题。所以，垃圾焚烧是循环经济的重要组成部分，既有环境效益，又有能源效益，使废物得到了重新利用，继续为社会的可持续发展做贡献。目前，我国的垃圾焚烧发电厂已达400多座。

不过，在垃圾燃烧的过程中，会产生有害化合物“二噁英”。因此，垃圾焚烧设施必须配备烟气净化装置，以防重金属、有机污染物等有害物质再次排放到空气中，造成二次污染。

第3章

国内外垃圾处理现状

1 国外垃圾处理现状

世界上一些发达国家实施垃圾分类已有很长的一段时间，如日本、德国和瑞典等，目前它们实行的垃圾分类政策已经比较完善。

从这些国家提供的经验中，我们可以总结出几个要点：第一，垃圾资源化是重要趋势。这些成功实行垃圾分类政策的国家大多通过焚烧产生电能或热能、堆肥、回收再利用等方式将垃圾变废为宝，由此达到极高的资源回收利用率。第二，建立良好的激励和约束机制。经济激励和法律约束对居民积极响应垃圾分类政策具有重要的促进作用。第三，垃圾分类体系明确、清晰。分类明确、操作性强，有助于居民有效地进行生活垃圾分类，降低末端处理成本，推动垃圾分类政策发展。

» **日本**

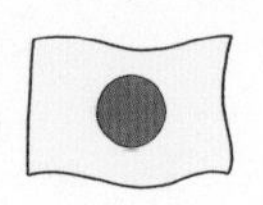

早在20世纪50年代中期，日本政府就实行自上而下的垃圾管理政策，当时处理垃圾的主要方式是填埋和焚烧，属于末端处理，公民并没有参与到垃圾分类管理中。直到20世纪80年代，日本政府才开始实行垃圾分类回收，逐渐建立起了完善的垃圾分类处理机制，由末端处理转向源头治理。到了21世纪，日本政府又提出建设循环型社会，提倡3R原则，从此时开始，垃圾分类处理更加注重循环利用和资源再生，这对环境保护而言具有积极意义。

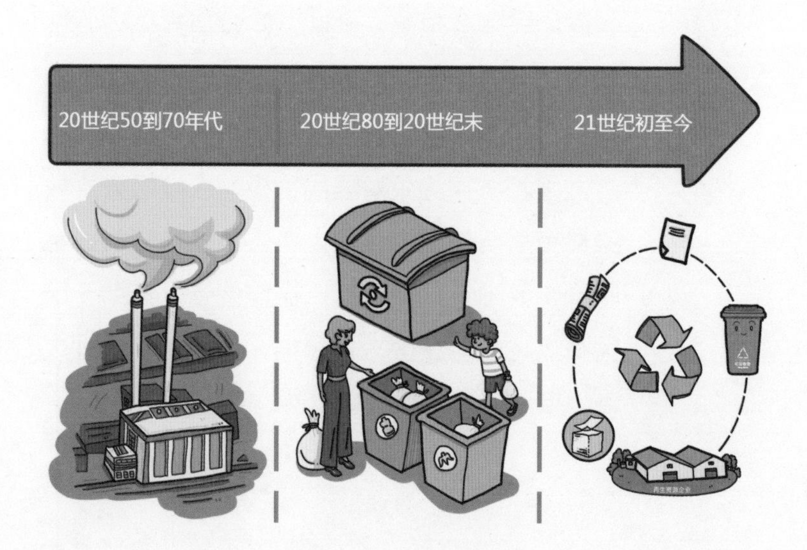

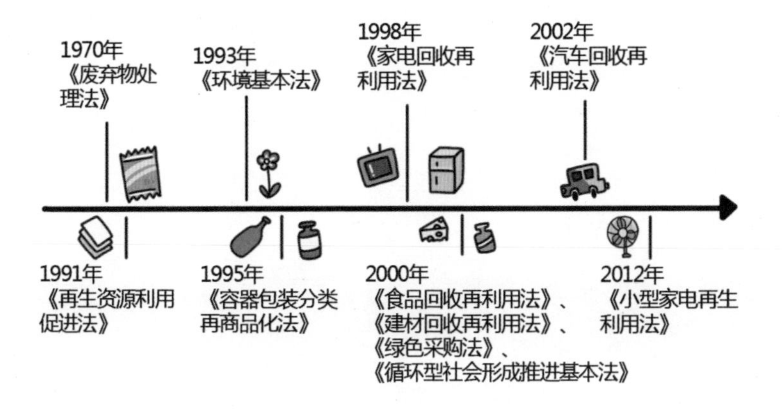

在日本，扔垃圾不仅要详细分类，还要分时间段进行。以大阪为例，每周二和每周五回收可燃性普通垃圾，每周四回收塑料容器类垃圾。居民必须将生活垃圾仔细分类，并在指定日期的上午9点前放到指定地点。如果错过了，就只能在家里把垃圾多存放一个星期。

» 德国

德国一般将生活垃圾分为有机物类、包装袋类、纸类、玻璃等特殊垃圾类以及其他生活垃圾。在德国，各种类别的垃圾均使用不同颜色的垃圾桶进行分类收集，而特殊垃圾需要单独回收和处理。装修材料、电池、灯具之类的其他生活垃圾，则需要被投放到指定处理地点，或者支付一定费用，请专业的垃圾处理公司上门回收。在垃圾回收车来到自家门口之前，德国居民需要将垃圾分门别类地丢弃在庭院门口的各色垃圾桶中。这些垃圾桶由当地政府免费提供，居民可根据实际需要选择不同的规格，规格越大，需缴纳的垃圾处理费也就越高。

为了强制居民遵循分类投放垃圾的规定，德国政府制定了一系列严格的处罚条例，并设有“环境警察”这一职位。同时，为了促进塑料瓶的回收利用，德国政府还推行了回收押金制度：在消费者购买水或者饮料时，提前征收瓶子押金，只有在喝完饮料并将塑料瓶丢进回收机器后，才能退还押金。这些硬性举措在一定程度上提高了瓶罐类垃圾的回收率，减少了资源浪费。

» 瑞典

瑞典推行的是垃圾自动收集系统。这一系统采用真空垃圾收集技术，将地面垃圾箱与地下竖井和管道相连。根据垃圾收集的频度，可经由管道在不同时间开启这一系统，各种垃圾通过地下管道网被输送到位于区域边缘的收集中心，再由垃圾回收车将它们运输到垃圾焚烧厂、填埋场或回收中心，以做进一步处理。

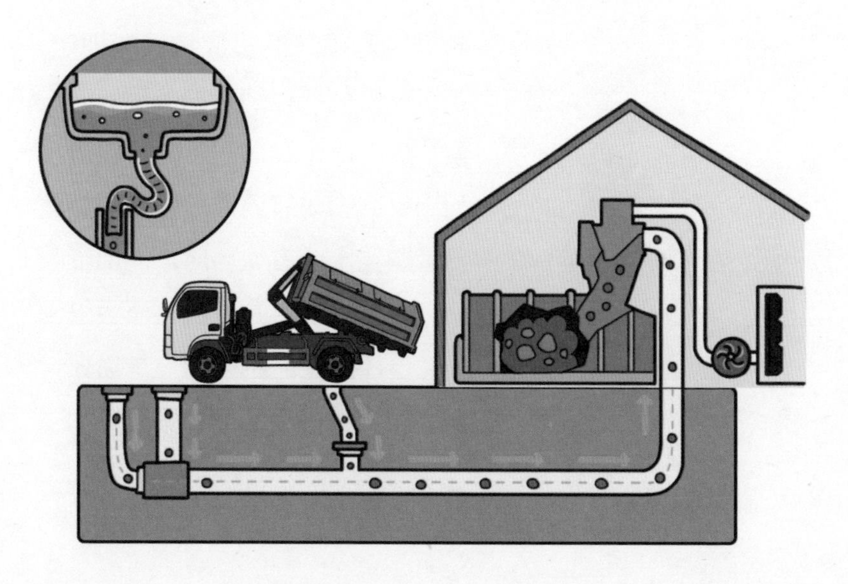

沼气纯化技术提高了厨余垃圾的资源转化率，并促进了环境保护的发展。在瑞典，新建小区的厨房水槽下均安装了厨余垃圾粉碎机。被粉碎的厨余垃圾通过专用管道输送至地下收集箱，积累到一定程度后，垃圾运输车就会将其运送至沼气厂进行下一步加工处理。而在传统的老式小区，居民会将厨余垃圾丢进相应的垃圾收集容器，再经由垃圾车运往沼气厂。

» **美国**

2009年，旧金山通过了强制性法案《垃圾强制分类法》，要求当地企业和居民按照规定将垃圾进行分类处理。如果在应丢弃不可回收垃圾的垃圾桶内发现可回收或可堆肥垃圾，对于初犯者，环境委员会将予以警告；对于多次违规的小型企业或住户，将处以100美元罚款；对于大型企业和多户住宅，最高将处以1000美元罚款。

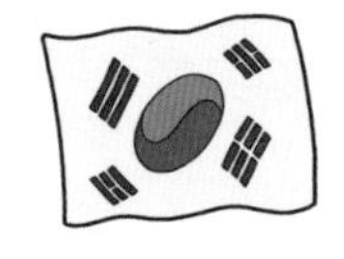

» 韩国

韩国目前正在积极推进减少一次性水杯、吸管和塑料袋等塑料制品的使用，最终目标是到2027年彻底放弃使用一次性可替代的塑料制品。

现在，韩国也禁止咖啡馆提供一次性水杯，酒店也不能提供一次性牙刷。

2 国内垃圾处理现状

» 垃圾分类政策

★2000年6月
原建设部城市建设司颁布《关于公布生活垃圾分类收集试点城市的通知》。

★2015年4月
住建部、发改委等5个部门发布《关于公布第一批生活垃圾分类示范城市（区）的通知》。

★2017年3月
国家发改委、住建部发布《生活垃圾分类制度实施方案》。

★2017年12月
住建部发布《关于加快推进部分重点城市生活垃圾分类工作的通知》。

★2018年12月
国务院提出《"无废城市"建设试点工作方案》。

★2019年7月1日
《上海市生活垃圾管理条例》正式实施。

★2019年10月
《北京市生活垃圾管理条例修正案(草案送审稿)》公开征求意见。

★2019年11月
住建部发布《生活垃圾分类标志》标准。

» 垃圾分类现状及成果

① 我国的垃圾产量

目前而言，我国的垃圾总量在世界范围内仍是数一数二的。随着我国城镇化进程的加快以及人民生活水平的提高，城镇生活垃圾的产量还在以每年5% ~ 8%的速度递增。

“我国人口众多，是垃圾生产大国，住建部发布的城市垃圾统计数据显示，每年，我国城市垃圾产生量已经大于2亿吨，有1500多个县城产生了将近0.7亿吨垃圾。总体来看，我国生活垃圾产生量在4亿吨以上。”清华大学环境学院教授、固体废物处理与环境安全教育部重点实验室副主任刘建国在2017(第五届)城市垃圾热点论坛上指出。

垃圾不断增多，给城市的垃圾处理工作带来了巨大压力。因此，推进垃圾分类回收政策、大力发展垃圾处理技术已刻不容缓。

② 垃圾分类进展

一提到垃圾分类，我们会首先想到日本、德国或是其他发达国家。实际上，我国在某些垃圾的分类回收再利用方面并不亚于任何上述国家。我国特有的“废品回收”行业，实际上就是对可回收物的分类。收废品的人员会对这些垃圾进行非常精细的分类，其细致程度远超任何发达国家现阶段实行的垃圾分类政策。比如，塑料制品就会被细分为上百种，而钢铁也被细分为十几种。可以说，我国这些垃圾的回收率几乎领先全世界。

垃圾分类对于我们目前的社会来说，有百利而无一弊，是我们亟待推行并普及的垃圾处理政策。现阶段，虽然垃圾分类处理已在试点城市积极实行，并初见成效，但我国居民对于垃圾分类处理的意识仍然不强，垃圾分类处理政策还需继续大力推进实施，以最终实现垃圾减量化、资源化。

③ 生活垃圾无害化处理情况

垃圾的无害化处理是指通过物理、化学、生物以及热处理等方法处理垃圾，以避免垃圾危害人体健康、污染周围环境。

目前，我国多数地区还是将各种垃圾统一收集，露天堆放。这种垃圾处理方式对环境的危害很大。从环境保护及可持续发展角度来看，生活垃圾无害化处理正是今后主要的发展趋势。

» 我们面临的问题

① 城市垃圾产生量与日俱增

随着我国城市化进程日益推进、人们生活水平日渐提高，城市居民产出的生活垃圾也与日俱增。巨量的生活垃圾已成为城市发展过程中非常显著的问题。塑料制品的滥用、快递的普及、商品的过度包装、城市频繁改造产生的建筑废料、铺张浪费产生的厨余垃圾、因电子产品更新换代过快而产生的电子垃圾，都让垃圾的生产速率不断加快。

② 垃圾分类未全面普及，生活垃圾妥善处理仍有难度

在我国正式推行垃圾分类处理政策之前，居民的垃圾分类意识不强，常常将各种不同类别的垃圾混杂在同一个垃圾袋中，丢进同一个垃圾桶里，这大大增加了垃圾处理难度，降低了垃圾处理效率。如今，我国已逐步实施垃圾分类处理政策，我们的垃圾处理效率也将得到大幅提升。

③ 生活垃圾可回收率低

由于我国仍未全面推行垃圾分类回收处理政策，目前仍面临着垃圾回收种类少、垃圾资源回收率低的问题。在传统的垃圾回收方式下，只有塑料、废纸等回收价格较高的废弃材料能达到较高的回收率，而大多数垃圾因为回收价格低廉，回收率较低，甚至被胡乱丢弃。目前，在我国大多数地区，垃圾回收还只是个人行为，缺乏良好的组织性、有序性、系统性，亟待政府的提倡、引导与支持。

④ 垃圾处理技术水平仍待提高，垃圾处理系统亟待完善

目前，我国垃圾处理技术水平仍然较低，焚烧与填埋依旧是处理垃圾的两大主要手段，处理方式单一，新兴处理技术亟待发展。而且，虽然我国正逐步推行垃圾分类回收政策，但垃圾处理系统仍然不够完善，垃圾处理技术落后，可回收物再利用产业也较为滞后。这些问题都需要继续完善和加强，在推行垃圾分类回收政策的同时，也要将后续配套设施跟上，形成一条完整的垃圾处理链。

» 我们的责任和义务

① 在日常生活中减少垃圾产生

面对上述问题，身为居民，我们也有自己的一份责任需要承担。这些情况不是不可改善的，只要我们从自身做起，从日常小事做起，就可以从根源上减少垃圾的产生，从而缓解甚至解决上述问题。例如，身为上班族，我们可以自备盒饭，不点外卖，减少塑料制品以及一次性用品的使用；外出用餐时量力而行，拒绝铺张浪费，践行“光盘行动”，减少厨余垃圾的产生；逐渐改变使用家居纸制品的习惯，改用毛巾、手帕等，不仅可以减少资源消耗，也可以大大减少垃圾的产生。

② 积极响应生活垃圾分类处理政策

逐渐培养起将生活垃圾分类的良好习惯也是推动我们建立文明社会、改善现有环境的一大重要举措。将不同的垃圾分门别类，丢弃在不同的垃圾箱里，有助于极大地提高垃圾处理回收的效率，隔离有害垃圾，减少环境污染，还能提高废品回收比例，减少对原材料的需求，节省资源、能源等。将垃圾分类丢弃对我们的日常生活益处众多，我们应抱着积极的心态接纳它、学习它、遵循它、提倡它。

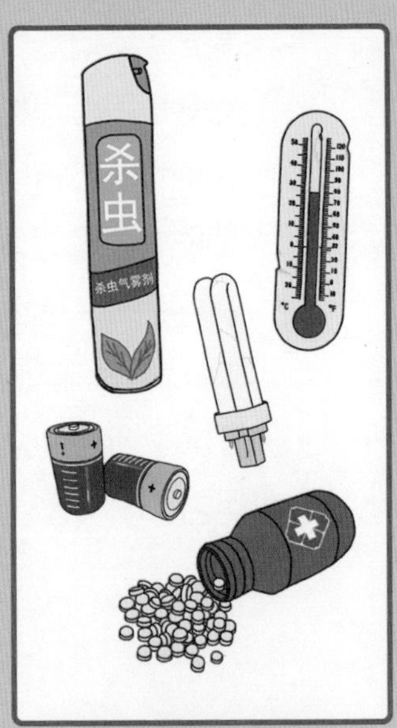
杀
虫
杀虫气雾剂

可回收物
Recyclable

有害垃圾
Hazardous Waste

第4章

垃圾怎么分类?

1 可回收物

» 可回收物的定义

可回收物指适宜回收利用的生活垃圾。材质为可再利用的纸、玻璃、塑料、金属等，报纸、杂志、广告单及其他干净的纸类皆可回收。

» **可回收物的意义**

无论是对于社会还是对于个人而言，可回收物都具有非常重大的意义。

首先，可回收物从技术层面避免了“增长的极限”。“增长的极限”指的是资源迅速消耗导致食物及医药匮乏，死亡率上升，人口增长达到极限。而可回收物的存在使资源可反复利用，从根源上避免了这一情况发生。并且，可回收物增加了材料使用寿命，降低了资源压力。在自然资源、生活资源日益珍贵的今天，这对可持续发展意义重大。

对可回收物进行重复利用，还能减少对土壤、水资源、空气的污染，对环境保护起到积极促进作用。

在经济意义层面，重复利用可回收物可以减少对国际原材料市场的依赖，进一步提升经济稳定性。此外，还为垃圾回收与再生资源企业创造就业机会，推动经济发展。

» 可回收物的投放要求

根据可回收物的产生数量，设置容器或临时存储空间，实现单独分类、定点投放，必要时可设专人分拣打包。居民可自行运送，也可联系再生资源回收利用企业上门收集，以进行资源化处理。

» 可回收物的主要类型

可回收物主要分为纸类、塑料、金属、玻璃、织物等。

① 纸类

未被严重玷污的印刷用纸、包装用纸和其他纸制品等。

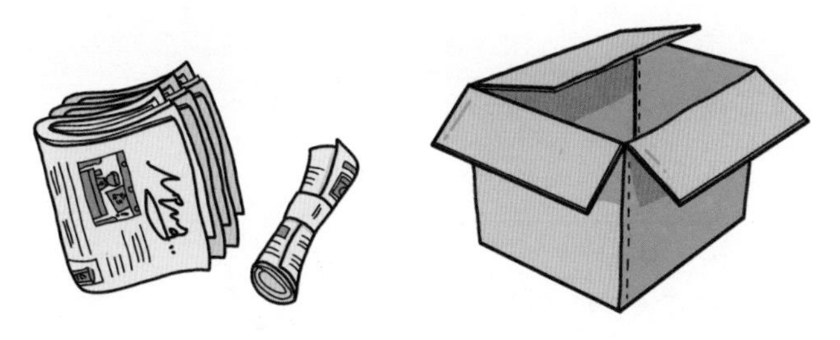

② 塑料

废塑料容器、包装塑料等塑料制品。

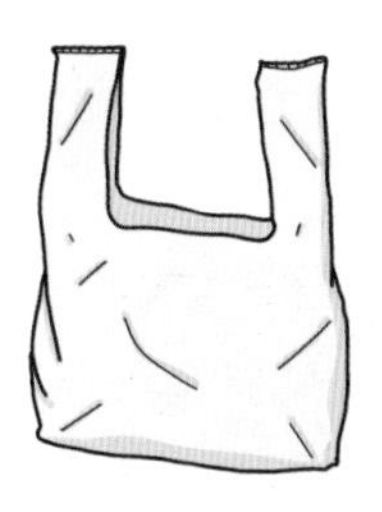

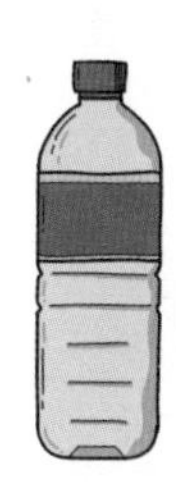

③ **金属**

各种类别的废金属物品。

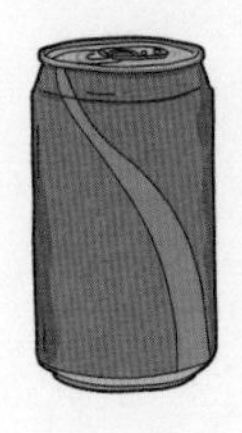

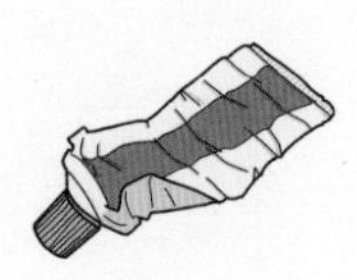

④ **玻璃**

有色和无色废玻璃制品。

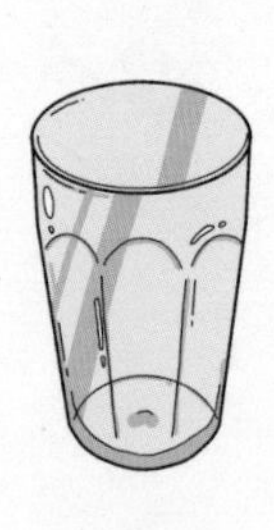

⑤ **织物**

旧纺织衣物和纺织制品。

2 有害垃圾

» 有害垃圾的定义

有害垃圾指对人体健康和自然环境造成直接或潜在危害的生活废弃物。居民生活垃圾中的有害垃圾包括电池类、含汞类、废药品类、废油漆类、废农药类。

» 有害垃圾的投放要求

遵循便利、快捷、安全原则，设立专门场所或容器，对不同品种的有害垃圾进行分类投放、收集、暂存，并在醒目位置设置有害垃圾标志。对列入《国家危险废物名录》的品种，应按要求设置临时贮存场所。需要注意的是，为了避免有害垃圾中的有害物质在专业处置前进入自然环境，投放时请妥善包裹，防止废灯管、水银温度计等破碎，以免其中的有机溶剂、矿物油等物质溢出。

» 有害垃圾的主要类型

有害垃圾主要分为灯管、家用化学品、电池，具体包括废电池，废荧光灯管，废温度计，废血压计，废药品及其包装物，废油漆、溶剂及其包装物，废杀虫剂、消毒剂及其包装物，废胶片及废相纸等。

① 废电池（镉镍电池、氧化汞电池、铅蓄电池等）

我们日常所用的普通干电池中含有汞、锰、镉、铅、锌、镍等各种金属物质。废旧电池被遗弃后，其外壳会慢慢腐蚀，其中的重金属物质会逐渐渗入土壤和水体，对环境造成污染。一旦人体摄入了这些污染物，其中遗留的重金属元素就会沉积，对我们的健康造成极大威胁。

② **废荧光灯管（日光灯管、节能灯等）**

现行工艺制作的节能灯中，大都含有化学元素汞。一只普通节能灯约含0.5毫克汞，如果有1毫克汞渗入地下，就会污染360吨水。汞也会以蒸气的形式进入大气，一旦空气中的汞含量超标，就会对人体造成危害，而长期接触过量的汞也会中毒。

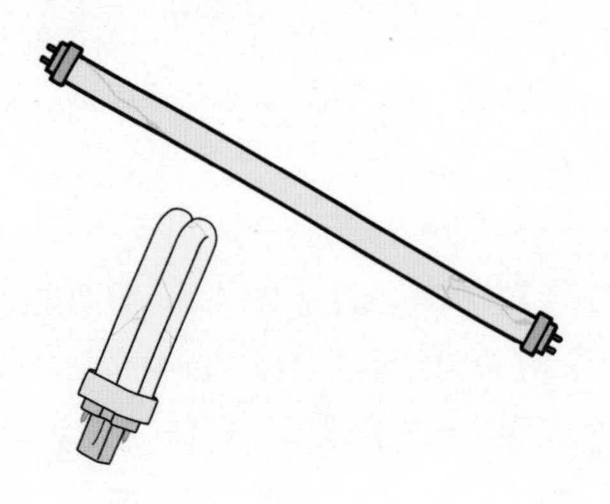

③ **废温度计**

一支水银体温计含汞约1克。如果温度计中的汞在一间15平方米、3米高的房间里全部外泄蒸发，可使空气中的汞浓度达到22.2毫克每立方米。我国规定，汞在室内空气中的最高浓度为0.01毫克每立方米。如果置于汞浓度为1.2 ~ 8.5毫克每立方米的环境中，人很快就会中毒。

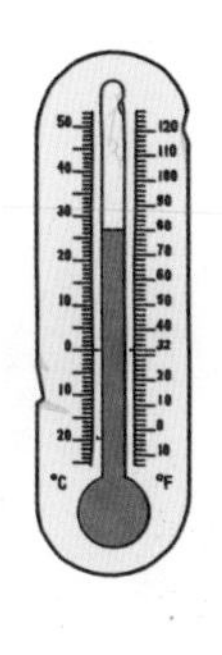

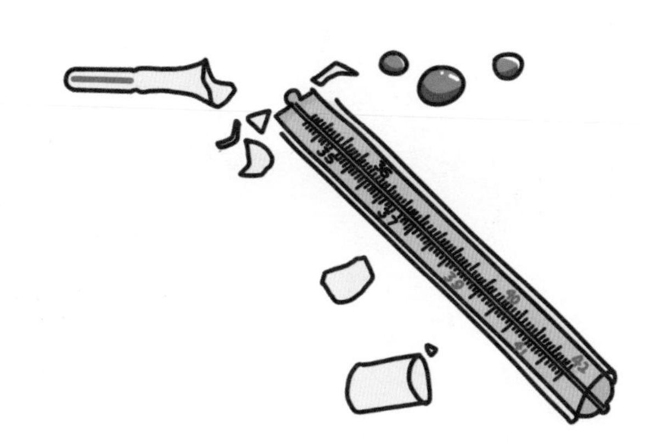

④ **废血压计**

废血压计和废温度计一样，含有汞元素。普通人在汞浓度为1 ~ 3毫克每立方米的房间里仅两个小时，就可能出现头痛、发烧、腹部绞痛、呼吸困难等症状。中毒者的呼吸道和肺组织很可能受到损伤，甚至会因呼吸衰竭而死亡。

⑤ **废药品及其包装物**

大多数药品过期后容易分解、蒸发，散发有毒气体，造成室内环境污染，严重时还会对人体呼吸道产生危害。过期药品如果处理不当，会污染空气、土壤和水源。我们常说的水体抗生素超标、更多耐药菌的出现也与过期药品的不正确处理有关。而其包装物大多为塑料及纸制品，也会对环境造成污染，因此同样需要妥善处理。

⑥ **废油漆、溶剂及其包装物**

废油漆中含有有机溶剂，具有较明显的毒性。它挥发性高，易被人体吸入，可引起头痛、过敏等症状，严重时可致人昏迷，甚至有可能致癌。此外，较为常见的油漆中所含的铅也对人体具有较大危害。

⑦ 废杀虫剂、消毒剂及其包装物

任何杀虫剂都具有一定的毒性，目前国际上广泛使用的是拟除虫菊酯类的卫生杀虫剂，长期接触会引发头晕、头痛等症状。

消毒液在蒸发后会产生较多有害物质，这些物质在水蒸气的作用下会产生更强的有害性，对人体造成危害。

所以，废杀虫剂、消毒剂如果处理不当、不慎泄漏，蒸发到空气中，就会对人体产生较大的伤害。

⑧ 废胶片及废相纸

废胶片及废相纸属于感光材料废物，这些废物若处置不当，不仅会严重污染水体和土壤，被人体摄入后，还有致癌的危险。

3 厨余垃圾

» 厨余垃圾的定义

指居民在日常生活及食品加工、饮食服务、单位供餐等活动中产生的易腐的、含有机质的生活垃圾，包括丢弃不用的菜叶、剩菜、剩饭、果皮、蛋壳、茶渣、骨头等，其主要来源为家庭厨房、餐厅、饭店、食堂、市场及其他食品加工业。

» 厨余垃圾的投放要求

厨余垃圾设置专门容器单独投放，除农贸市场、农产品批发市场可设置敞开式容器外，其他场所原则上应采用密闭容器存放。厨余垃圾可由专人清理，避免混入废餐具、塑料、饮料瓶罐、废纸等不利于后续处理的杂物，并做到“日产日清”。此外，还应按规定建立台账制度（农贸市场、农产品批发市场除外），记录厨余垃圾的种类、数量、去向等。

厨余垃圾应采用密闭专用车辆运送至专业单位处理，运输过程中应加强对泄漏、遗落和臭气的控制。相关部门要加强对厨余垃圾运输、处理的监控。

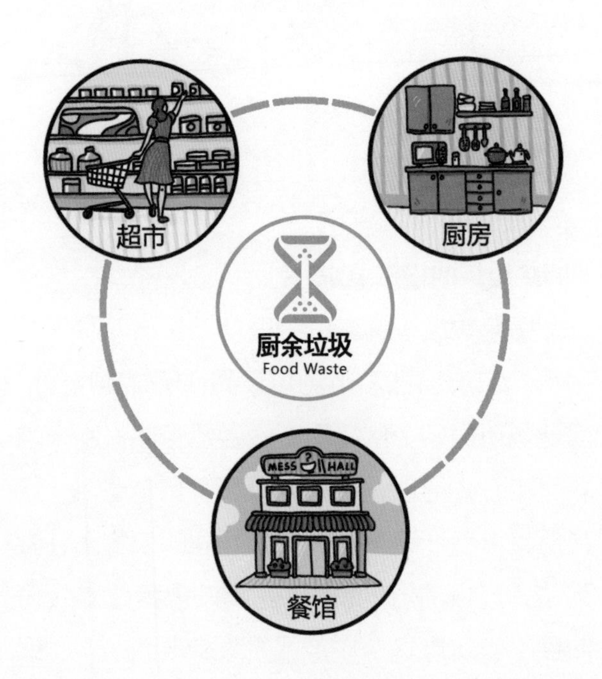

» 厨余垃圾的主要类型

厨余垃圾主要分为家庭厨余垃圾、餐厨垃圾、其他厨余垃圾，包括家庭、相关单位食堂、宾馆、饭店等产生的厨余垃圾，农贸市场、农产品批发市场产生的蔬菜瓜果垃圾、腐肉、肉碎骨、蛋壳、畜禽内脏等。

① 蔬菜瓜果

菜根、菜叶、果皮等。

*注意！硬果壳（如椰子壳、榴莲壳）不属于厨余垃圾。

② 残枝落叶

鲜花、废弃植物等。

③ 畜禽内脏、腐肉

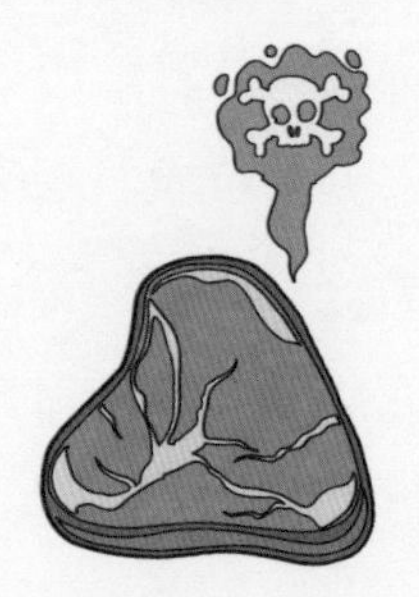

④ 肉碎骨

⑤ 蛋壳

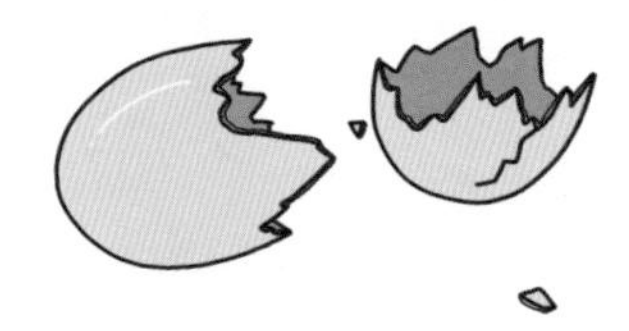

*注意！硬贝壳（如扇贝壳）不属于厨余垃圾。

⑥ 调味品

盐、糖、味精等。

4 其他垃圾

» 其他垃圾的定义

其他垃圾指危害较小，但也无再利用价值的垃圾，是除可回收物、厨余垃圾、有害垃圾之外的垃圾。

» 其他垃圾的主要类型

其他垃圾指砖瓦、陶瓷、渣土、卫生间废纸、瓷器碎片等难以回收的废弃物。总的来说，不属于可回收物、厨余垃圾、有害垃圾的废弃物，都是其他垃圾。

» 其他垃圾的处理方法

其他垃圾危害较小，一般采取填埋、焚烧、卫生分解等方法，其中，卫生填埋是最常用的处理方法，可有效减少垃圾对地下水、地表水、土壤以及空气的污染。

附　录

» 生活垃圾分类列表

类别	物品列举
有害垃圾	1.废电池：充电电池、镉镍电池、氧化汞电池、铅蓄电池、纽扣电池、铅酸电池等 2.废荧光灯管：日光灯管、节能灯等 3.废温度计、废血压计：水银血压计、水银体温计、水银温度计等 4.废药品及其包装物：过期药物、药片、药品包装、药物胶囊等 5.废油漆、溶剂及其包装物：废油漆桶、过期指甲油、过期洗甲水、染发剂包装等 6.废杀虫剂、消毒剂及其包装物：杀虫剂喷雾罐、老鼠药、含氯消毒剂等 7.废胶片及废相纸：相片底片、感光胶片等
厨余垃圾	1.蔬菜瓜果：绿叶菜、根茎蔬菜、菌菇、水果果肉、果皮、水果茎枝、果实等 2.残枝落叶：家养绿植、花卉、花瓣、枝叶等 3.畜禽内脏、腐肉：腊肉、午餐肉、肉类及其加工产品、鸡、鸭、猪、牛肉及其内脏等 4.肉碎骨：鱼骨、碎骨、鱼鳞、虾壳等 5.蛋壳：鸡蛋壳、鸭蛋壳等 6.调味品：糖、盐、酱油、醋等

（续表）

类别	物品列举
可回收物	1.纸类：报纸、废弃书本、快递纸袋、打印纸、广告单、信封、纸板箱、纸塑铝复合包装等 2.塑料：塑料盒、塑料玩具、塑料衣架、食品及日用品塑料包装、塑料瓶、瓶盖、PVC、塑料卡片、亚克力板、泡沫塑料、密胺餐具、KT板、PE塑料等 3.金属：金属瓶罐、金属餐具、金属工具、金属厨具、其他金属制品（铝箔、铁钉、铁板等） 4.玻璃：玻璃杯、玻璃盘、食品及日用品玻璃包装、窗玻璃、其他玻璃制品、碎玻璃等 5.织物：旧衣服、毛绒玩具、床单、窗帘、枕头、包、皮带、棉织品、皮鞋、丝绸制品等 6.其他：木制品、电子制品、电线、插头、电路板等
其他垃圾	1.卫生间用纸：餐巾纸、尿不湿、猫砂、污损纸张等 2.砖瓦陶瓷：瓷器碎片、砖头、瓦片等 3.渣土：毛发、灰土、炉渣、施工废料等 4.其他不属于有害垃圾、厨余垃圾、可回收物的垃圾

» 不宜回收物列表

类别	物品列举
纸类	卫生间用纸、餐巾纸、污损纸张、湿巾、一次性纸杯等
塑料	一次性手套、沾有油污的保鲜膜、使用过的一次性塑料饭盒、污损的塑料袋等
金属	回形针、缝衣针等
玻璃	玻璃钢制品等
织物	内衣、丝袜等
复合材料类	伞、笔、眼镜、打火机等
其他	竹制品、陶瓷制品、一次性筷子、隐形眼镜、镜子等

垃圾分类小百科（全国通用版）：根据住建部新版《生活垃圾分类标志》标准编写

《垃圾分类小百科》编写组 编写

图书在版编目（CIP）数据

垃圾分类小百科：全国通用版：根据住建部新版《生活垃圾分类标志》标准编写 /《垃圾分类小百科》编写组编写 . — 北京：北京联合出版公司，2019.12（2023.11 重印）

ISBN 978-7-5596-3777-2

Ⅰ . ①垃… Ⅱ . ①垃… Ⅲ . ①垃圾处理－北京－手册 Ⅳ . ① X705-62

中国版本图书馆 CIP 数据核字 (2019) 第 236725 号

出品人 赵红仕
选题策划 联合天际
责任编辑 李 红 徐 樟
特约编辑 张安然 谭振健 宁书玉
装帧设计 浦江悦
插画设计 FF 创意工作室

未读 DR 探索家

出 版 北京联合出版公司
北京市西城区德外大街 83 号楼 9 层 100088
发 行 北京联合天畅文化传播有限公司
印 刷 北京雅图新世纪印刷科技有限公司
字 数 40 千字
开 本 889 毫米 × 1194 毫米 1/32 3 印张
版 次 2019 年 12 月第 1 版 2023 年 11 月 6 次印刷
I S B N 978-7-5596-3777-2
定 价 29.80 元

关注未读好书

客服咨询

可回收物

Recyclable

纸制品

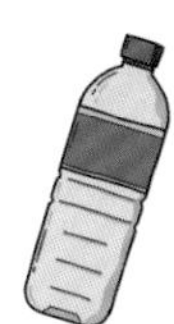

塑料瓶

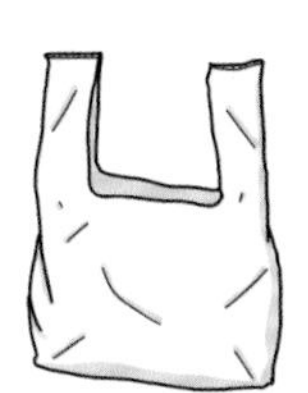

塑料袋

易拉罐

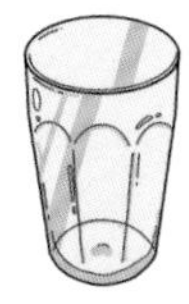

玻璃杯

衣物

有害垃圾

Hazardous Waste

电池

油漆

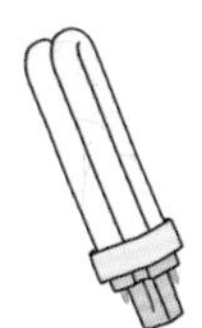

节能灯

药片

杀虫剂

胶片

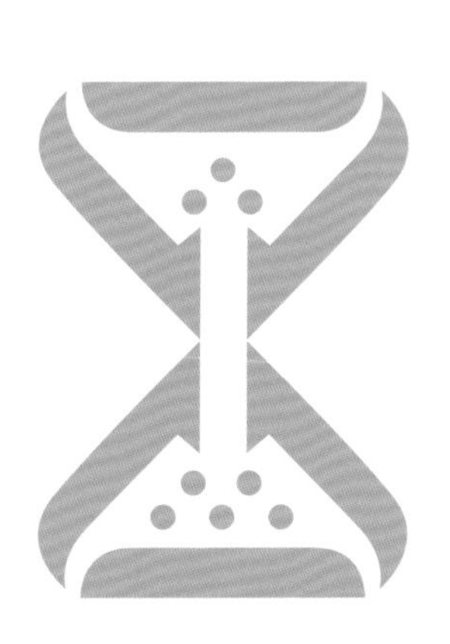

厨余垃圾

Food Waste

菜叶

落叶

肉碎骨

腐肉

调味品

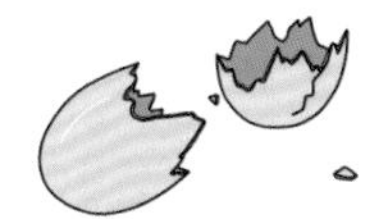

蛋壳

其他垃圾

Residual Waste

渣土

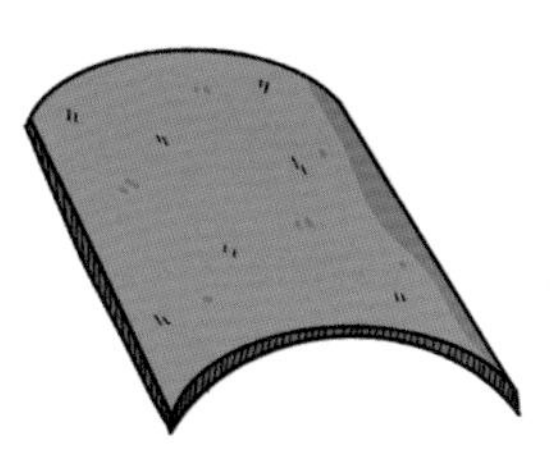

瓦片

厕纸

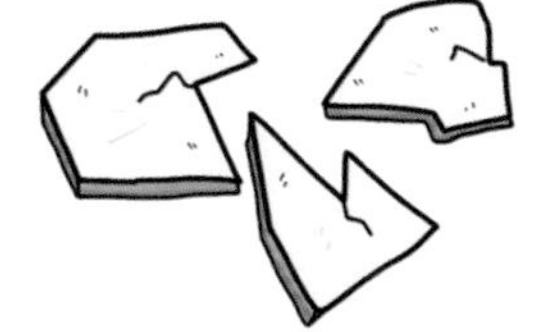

瓷片

可回收物

Recyclable

其他垃圾

Residual Waste

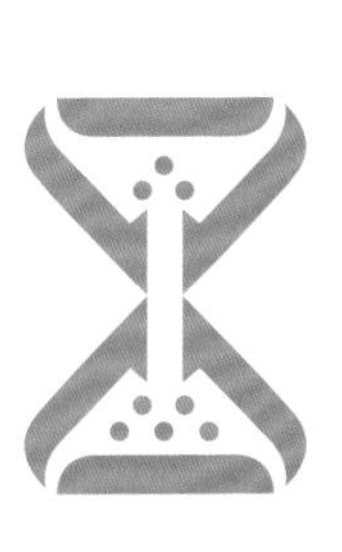

厨余垃圾

Food Waste

有害垃圾

Hazardous Waste